ESSAI

SUR LE

TRAITEMENT DU CHOLÉRA

PAR

Le Dr Nestor FALC

Membre de l'École pratique d'Anatomie et d'Opérations chirurgicales ; Membre titulaire
de la Société médicale d'Émulation de Montpellier ; Membre correspondant de la
Société de médecine et de chirurgie pratiques de la même ville ; Honoré de deux
Médailles d'argent (Toulon, épidémie 1865), etc.

La séquestration des agents morbides
dont on redoute l'importation, représente, dans l'état actuel de la pathologie
humaine et des constitutions d'endémi-
cité inhérentes à certaines régions, la
sauvegarde la plus puissante de la santé
publique.
ANGLADA, *Traité de la contag.*, t. II, p. 316.

PARIS

P. ASSELIN, SUCCESSEUR DE BÉCHET JEUNE ET LABÉ

LIBRAIRE DE LA FACULTÉ DE MÉDECINE

Place de l'École-de-Médecine

MONTPELLIER

C. COULET LIBRAIRE-ÉDITEUR

DE LA FACULTÉ DE MÉDECINE

Grand'rue, 5

1866

ESSAI

SUR LE

TRAITEMENT DU CHOLÉRA

PAR

Le Dr Nestor FALC

Membre de l'École pratique d'Anatomie et d'Opérations chirurgicales ; Membre titulaire
de la Société médicale d'Émulation de Montpellier ; Membre correspondant de la
Société de médecine et de chirurgie pratiques de la même ville ; Honoré de deux
Médailles d'argent (Toulon, épidémie 1865), etc.

> La séquestration des agents morbides
> dont on redoute l'importation, repré-
> sente, dans l'état actuel de la pathologie
> humaine et des constitutions d'endémi-
> cité inhérentes à certaines régions, la
> sauvegarde la plus puissante de la santé
> publique.
>
> ANGLADA : *Traité de la contag.*, t. II, p. 316.

PARIS

P. ASSELIN, SUCCESSEUR DE BÉCHET JEUNE ET LABÉ

LIBRAIRE DE LA FACULTÉ DE MÉDECINE

Place de l'École-de-Médecine

MONTPELLIER

C. COULET LIBRAIRE-ÉDITEUR

DE LA FACULTÉ DE MÉDECINE

Grand'rue, 5

1866

MONTPELLIER, TYPOGRAPHIE DE BOEHM ET FILS.

A la Mémoire de ma Mère.

Regrets éternels !

Au meilleur des Pères.

*Ma reconnaissance ne pourra jamais
être à la hauteur de votre sollicitude.*

A ma Sœur NATHALIE,

*J'aurai toujours pour toi
l'attachement d'un fils.*

A MON BEAU-FRÈRE.

A SA FAMILLE.

A mes Amis.

N. FALG.

AVANT-PROPOS

En l'an 1832 le *choléra épidémique*, franchis-
sant les mers, venait faire de nombreuses victimes
en Europe.

Les populations furent décimées, et la France eut
à pleurer beaucoup de ses enfants.

Les années 1849, 1854, furent aussi funestes,
et naguère encore nous avions à combattre cet
ennemi inconnu, dont le nom seul porte l'alarme
et la terreur partout, car rien ne l'arrête.

Au lendemain d'une de ces hécatombes humai-
nes, nous venons, après tant d'autres, essayer d'é-
crire une partie de l'histoire de ce fléau, que nous
avons vu à l'œuvre alors qu'il décimait la population Toulonnaise. Accouru à la voix du Doyen de
cette École, nous avons eu pour mission d'aller

porter nos soins aux malades de cette cité maritime.

C'est là que nous avons pu étudier de près cette maladie si terrible ; c'est là qu'il nous a été donné de juger des moyens employés contre elle.

Au moment de dire adieu à cette École, qui nous a élevé et où nous avons puisé tous nos principes médicaux, nous avons voulu lui offrir, comme dernier acte probatoire, une partie de l'histoire du fléau qu'elle nous avait envoyé combattre. Nous avons choisi le traitement, bien qu'il présente des *desiderata* nombreux, et par suite bien des difficultés. Qu'elle pardonne les imperfections de l'œuvre, ne pensant qu'à la bonne volonté et à la jeunesse de l'auteur. Je prie les savants Maîtres qui la représentent, et qui doivent juger cette thèse, de me continuer encore aujourd'hui leur haute bienveillance!

ESSAI

SUR

LE TRAITEMENT DU CHOLÉRA

PRÉLIMINAIRES.

Avant d'entrer dans le cœur même du sujet de cette thèse, il est utile, nécessaire même, que nous fassions notre profession de foi sur ce que nous croyons être la nature du choléra.

Qu'est-ce donc que le choléra? comment se propage-t-il? Telles sont les questions que nous devons chercher à résoudre dès l'abord, car, comme l'a parfaitement dit M. le professeur Anglada : « toute pratique relève d'une théorie, et l'on ne peut aborder la question thérapeutique, sans s'être fait préalablement

une manière de voir sur la maladie qu'on veut trai-
ter [1] ».

Le choléra asiatique a une nature qui lui est propre ; résultat d'une intoxication spécifique, il attaque
tout l'organisme en même temps.

Cette spécificité est prouvée par l'individualité des
symptômes, l'inutilité des recherches qu'ont faites les
anatomo-pathologistes pour découvrir sur les cadavres une altération organique apparente, et par l'inefficacité des médicaments connus.

Cette intoxication spécifique, qui constitue le choléra, peut être considérée comme un véritable empoisonnement miasmatique. Qu'entend-t-on en effet par
empoisonnement ? « L'empoisonnement, répondent les
auteurs, est cet état pathologique produit par tout
agent externe qui, introduit accidentellement ou à
dessein dans l'économie par une voie quelconque, y
détermine des phénomènes morbides ou la mort, sans
agir mécaniquement.

Le principe cholérique est évidemment un agent externe. Sans cela, la maladie qu'il produit n'aurait ni
ce caractère d'universalité, ni ces périodes de recru-
descence épidémique, ni ce cachet pestilentiel. Le
caractère d'universalité se retrouve dans cette influence
générale qui se fait sentir sur tous en temps d'épidé-

[1] Anglada ; De l'importance d'une bonne doctrine médicale
pour la thérapeutique, pag. 13.

mie cholérique. Tout le monde, jeunes et vieux, riches et pauvres, constitutions maladives ou robustes, sans acception de tempérament ni de mode de vivre, ressent à divers degrés l'influence pathologique. Quel est cet agent externe, quel est ce principe actif du choléra?

Certains auteurs ont attribué le choléra à des parasites. Les uns ont admis des parasites de nature végétale, et se sont demandé si les spores d'un être microscopique analogue à celui que l'on a trouvé dans le muguet, à ceux qu'on retrouve dans des teignes, ne pourraient pas, en pénétrant avec les aliments dans le tube digestif de l'homme, produire le choléra. D'autres, reprenant les idées de Hahnemann, se sont demandé si la cause matérielle du choléra ne résidait point dans l'absorption de petits insectes microscopiques, d'infusoires contenus dans l'air. Quelques médecins ont cru trouver la cause prochaine du choléra dans un défaut d'électricité atmosphérique. C'est là l'hypothèse soutenue surtout par Ortou; elle n'a pas été démontrée, mais elle a conduit M. Schœnbein à découvrir l'ozone. Cet auteur, en effet, a découvert que sous l'influence de l'électricité atmosphérique l'air éprouve des changements curieux : l'oxygène prend l'odeur du phosphore et est doué d'affinités chimiques plus énergiques, de façon qu'il décompose, à la température ordinaire, l'ioduré de potassium et met en

liberté l'iode, dont la présence est accusée par la teinte
bleue de l'amidon. C'est sur cette réaction que M.
Schœnbein a fondé l'ozonoscope, dont l'échelle a dix
divisions, du bleu pâle au bleu intense de l'iodure
d'amidon; un papier imbibé d'iodure de potassium
amidonné indique, chaque jour et chaque heure, la
proportion d'ozone de l'atmosphère. M. Schœnbein a
constaté qu'à Berlin le zéro de l'ozonoscope coïncidait
avec le développement du choléra; M. Bœkel a fait
la même observation à Strasbourg. Ce dernier a vu
reparaître l'ozone au déclin de l'épidémie. Après avoir
constaté la non-organisation de l'air pendant le choléra, ces auteurs ont voulu y trouver l'explication de
la maladie elle-même. L'ozone ayant une propriété
oxydante plus énergique que l'oxygène, active la fonction de l'hématose et excite l'économie, d'où il résulte
la plénitude d'énergie des fonctions de nutrition; de
plus, l'oxygène ozonisé détruit par oxydation les miasmes dont l'abondance s'accroît quand l'ozone vient à
manquer.

M. Billaud (de Cabigny) pense que, par suite de
l'absence de l'ozone dans l'organisme, la matière entre
sous la loi des corps inertes, subit la fermentation
putride et, par les gaz qui en sont le produit, engendre le choléra.

Depuis ces recherches, les auteurs ont fait de nombreuses expérimentations sur cet ozone, et sont arrivés

à des résultats très-variables. Aussi ne s'arrête-t-on
plus aujourd'hui à cette explication.

Un médecin distingué de Marseille, M. Buisson, ne
craint pas de dire, dans un compte-rendu qu'il a fait
à la Société impériale de Médecine, que « l'état hygro-
métrique n'a présenté aucune coïncidence remarquable
et que l'ozonoscope a donné un démenti formel aux
théories qui font de l'ozone le pivot étiologique du
choléra.

On ne croit pas non plus aujourd'hui aux influences
telluriques comme causes productrices du choléra.

MM. Rech et Dubrueil, dans leur rapport sur le
choléra-morbus asiatique, conclurent à l'existence de
séminas, principes morbifiques auxquels ils assi-
gnaient les caractères suivants :

Chacun de ces principes est fourni par la maladie
qu'il engendre à son tour.

Ils s'échappent du corps vivant non élaborés et dans
un état de volatilité extrême ; il faut, pour devenir
morbifiques, qu'ils soient acquis et vivifiés en quelque
sorte par l'atmosphère, qui en est le seul véhicule.

Ils ne peuvent être modifiés morbifiquement par
l'atmosphère conservant ses conditions ordinaires.

Ils ne sont pas modifiés au moment de leur exha-
lation du corps qui les a fournis ; il faut un temps qui
peut être très-court, mais qui se prolonge ordinairement pendant plusieurs jours.

L'atmosphère qui les reçoit les transporte quelquefois à une assez grande distance.

Ils agissent sans doute plutôt en raison de leur qualité que de leur quantité [1].

D'après ces auteurs, un de ces principes est la cause spécifique du choléra asiatique.

La généralité des médecins pense aujourd'hui que l'agent externe qui produit le choléra est un miasme, que le choléra lui-même n'est, comme nous l'avons dit déjà, qu'une intoxication miasmatique.

Il y a quelques années, le Dr Roche, de l'Académie de médecine, écrivait dans l'*Abeille médicale* ces lignes remarquables que nous sommes heureux de reproduire : « L'agent qui produit le choléra est un miasme ; le choléra est un empoisonnement. Ces deux vérités, que peu d'hommes contestent encore, sont ressorties avec toute évidence des faits suivants : le poison cholérique prend naissance dans les contrées paludéennes de l'Inde, et principalement dans celles que le Gange couvre de ses eaux ; il entretient dans ces lieux le choléra à l'état endémique, comme un miasme perpétue les fièvres intermittentes dans les pays marécageux, la fièvre jaune aux Antilles et la peste en Égypte. Il se développe sous l'influence de la chaleur et de la putréfaction des matières végétales

____

[1] Bech et Dubrueil, pag. 45.

et animales, matières différentes suivant les localités, et devant nécessairement produire des poisons différents dans leur nature, dans leur violence, et par conséquent dans leurs effets. Il se répand dans l'air et l'infecte ; les vents et les courants de l'atmosphère le transportent au loin, des personnes aussi peut-être ; et c'est ainsi qu'il nous arrive, comme le courant des communications internationales, à travers la Perse, la Turquie et le nord de l'Europe ; partout où il passe, il produit des épidémies. La chaleur le dilate et l'active ; le refroidissement de l'atmosphère et la fraîcheur des nuits le condensent et le ramènent à la surface de la terre (presque toutes les attaques graves de choléra ont eu lieu de 6 heures du soir à 6 heures du matin) ; le froid lui fait perdre de son énergie ; il se comporte, en un mot, sous tous les rapports, comme le miasme des fièvres intermittentes, de la fièvre jaune et de la peste : c'est donc un miasme.

Ses effets sur l'homme ne sont pas moins probants. On trouve dans le choléra, largement dessinées, les quatre phases principales qui caractérisent tout empoisonnement : celle qui signale l'absorption du poison, celle qui annonce sa mise en contact avec les grands centres nerveux et les principaux organes, celle qui témoigne des efforts de réaction du sujet empoisonné, et enfin le travail d'élimination de l'agent toxique. On y retrouve aussi cette action presque spéciale des poisons sur les centres nerveux, le cœur et les

voies digestives ; on y constate l'expulsion du miasme
en nature par toutes les voies d'excrétion, ainsi que le
démontre l'odeur caractéristique commune à la transpi-
ration pulmonaire, à la sueur, à la matière des vomissements et à celle des garde-robes. On observe, dans
les épidémies de choléra, ces morts rapides et fou-
droyantes que l'introduction d'un poison énergique
peut seule ordinairement produire. On découvre sur
les cadavres des sujets qui succombent assez lentement
pour que des désordres anatomiques aient eu le temps
de se développer, cette multiplicité de lésions qui
atteste l'influence d'une cause morbide promenée par
le sang dans toute l'économie. Enfin, le sang des cholériques est manifestement altéré dans sa composition ;
le simple examen de ses caractères physiques suffirait
à le démontrer, si l'analyse chimique ne venait com-
pléter la preuve.

» Tout concourt donc à démontrer la nature toxique
de l'agent et de l'effet ; tout concourt à prouver que le
choléra est un empoisonnement miasmatique. »

Ainsi parlait M. Roche en 1835. En 1866, un médecin recommandable, professeur à l'École de médecine
de Marseille, considère lui aussi le choléra comme un
empoisonnement miasmatique. Après avoir défini le
mot miasme avec MM. Bescherelle, E. Littré et Robin,
M. Seux pense que, bien que ce mot-là soit assez
vague et ne puisse rien préciser, on doit l'adopter,

jusqu'à ce que la lumière soit faite sur la nature des agents qui produisent le choléra [1].

Le choléra étant pour nous un empoisonnement miasmatique, comment se propage-t-il?

Le choléra peut se présenter avec les caractères de l'épidémicité, de l'infectiosité, de la contagiosité.

Personne ne conteste aujourd'hui le caractère épidémique du choléra-morbus. Nous ne saurions nous arrêter à vouloir démontrer ce qui est évident pour tout le monde.

Tous les auteurs sont encore d'accord pour admettre que le choléra-morbus se transmet par infection. Le mode infectionnel est en effet le mode principal du choléra; la dernière épidémie cholérique l'a suffisamment démontré. Un air malsain, chargé de molécules dilatées, engendrées par la décomposition de matières organiques plus ou moins voisines, provenant d'êtres vivants ou morts; les marais, les eaux stagnantes, les voiries, les accumulations d'hommes ou d'animaux, l'encombrement dans les casernes, les hôpitaux, les navires, les prisons, voilà tout autant de foyers d'infection. Ajoutons-y l'insuffisance de l'alimentation, le découragement moral et toute la variabilité des impressions nerveuses, et nous aurons dressé la liste complète des

[1] Le choléra dans les hôpitaux civils de Marseille, 1866, par V. Seux, pag. 97-98.

maladies infectieuses. L'épidémie cholérique de 1865 s'est montrée, dès l'abord, dans un terrain infectieux et putride, à la Mecque. Là se trouvait, en effet, une accumulation considérable d'hommes vivant au milieu de conditions vraiment phénoménales, d'insalubrité.

Aux miasmes issus de tant d'êtres vivants, se sont ajoutées les exhalaisons fétides provenant de la décomposition des cadavres d'hommes et d'animaux se putréfiant à l'air libre ou négligemment recouverts d'une mince couche de terre. Ainsi est né le germe du choléra, que les courants atmosphériques ont transporté en divers points de l'Europe, et que les individus qui en avaient été imprégnés au lieu d'origine, ont semé autour d'eux partout où ils se sont arrêtés[1].

Nous avons dit que le choléra se transmettait aussi par contagion.

Tous les auteurs ne pensent point ainsi, et sur cette question on peut dire :

Hippocrate dit oui, Galien dit non.

Seulement, nous ferons remarquer, avec M. Calvi[2], que, dans cette circonstance, les rangs des disciples d'Hippocrate grossissent incessamment, tandis que ceux des partisans de Galien s'éclaircissent chaque jour davantage.

[1] Espagne, Le choléra et les quarantaines en 1865. Paris, 1866.
[2] Union médicale, 24 juillet 1866.

Dans les dernières discussions qui ont eu lieu à ce sujet, MM. Cazalas et Piétra-Santa ont défendu les idées des non-contagionnistes; MM. Grimaud (de Caux) et Calvi (de Toulon) ont combattu dans les rangs opposés, et ont prouvé par des faits nombreux la contagion du choléra.

M. Seux, qui a pu, comme ces derniers auteurs, observer sur les lieux mêmes l'épidémie cholérique, se range de leur avis et considère le choléra comme une maladie contagieuse, puisque l'individu qui en est atteint peut la transmettre à un autre individu [1]

Du reste, M. Calvi (de Toulon) a parfaitement démontré combien étaient faibles les arguments anti-contagionnistes que le Dr Piétra-Santa avait présentés dans son rapport à la Société médico-chirurgicale.

A la théorie de son confrère parisien il a répondu par des faits qui prouvent péremptoirement la contagiosité de la maladie qui nous occupe. L'un de ces faits est très-remarquable; le voici :

«La femme Reboul, du Pradet, hameau de la commune de la Garde, à 7 kilomètres de Toulon, vient habituellement vendre les productions de sa campagne dans cette dernière ville.

«Le 6 septembre 1865 (alors que le choléra y régnait épidémiquement), cette femme fait son voyage

____

[1] Seux. Le choléra épidém. en 1865. Paris, 1866, pag. 108.

ordinaire, rentre au sein de sa famille, accuse des symptômes cholériques, et bientôt la maladie, parfaitement caractérisée, acquiert une très-grande intensité. Toutefois, elle se termine par la guérison.

» Mais quatre jours après l'apparition des premiers symptômes cholériques chez la femme Reboul, le 10 par conséquent, le fils de celle-ci, qui l'avait soignée, et qui n'était pas venu, lui, à Toulon, est pris aussi de choléra, et meurt après sept heures de souffrances non interrompues.

» Deux jours plus tard, dans la nuit du 12 au 13, le mari, qui n'était pas venu non plus à Toulon, est atteint de diarrhée, puis de vomissements, et le choléra l'emporte à huit heures du soir.»

Comme l'ajoute parfaitement M. Calvi, d'où pouvait provenir dans ces cas la cause du choléra auquel le fils et le père Reboul avaient succombé? qui pouvait leur avoir transmis la maladie, si ce n'est la pauvre femme Reboul, puisque la commune de la Garde et le hameau du Pradet ne se trouvaient point sous l'influence épidémique [1]?

Nous pouvons, à ce fait si concluant de M. Calvi, ajouter plusieurs cas de contagion qu'il nous a été donné d'observer pendant l'épidémie qui a sévi, soit à Montpellier, soit à Toulon.

---

[1] *Loc. cit.*, pag. 150.

La première observation se rapporte à une famille de Montpellier qui a été décimée dans l'espace de cinq jours. Voici le fait; nous l'avions recueilli avant notre départ pour Toulon :

La femme B..., épouse C..., âgée de 41 ans, blanchisseuse, meurt le 28 septembre.

La fille C..., âgée de 17 ans, fille de la précédente, repasseuse, meurt le 1er octobre.

C..., époux de la femme B..., père de la précédente, âgé de 44 ans, meurt le 2 octobre.

Le jeune C..., âgé de 21 ans, fils du précédent et de la femme B..., meurt à l'Hôtel-Dieu Saint-Éloi le 4 octobre, à huit heures du matin [1].

A Toulon, nous avons été témoin de plusieurs faits de ce genre, un d'entre eux nous a surtout frappé :

A peine arrivé à l'ambulance de la place Saint-Jean, qui nous avait été désignée, nous fûmes appelé dans une maison où le père, la mère et la fille avaient succombé à l'épidémie.

Deux cadavres, celui du père et de la fille, étaient étendus sur leur lit; le fils, auprès duquel nous étions mandé, agonisait à côte d'eux.

Pour nous, il reste avéré que le choléra se propage

---

[1] Ce fait a été, du reste, communiqué dans le mémoire déjà cité du Dr Espagne.

par contagion, et cette propagation n'a pas lieu seulement par les malades ou les objets contaminés, mais encore au moyen des masses d'hommes, des navires venant des pays atteints du choléra, parce que ces masses ou ces maisons flottantes doivent porter avec elles et au loin les miasmes au milieu desquels elles se sont trouvées.

Les sécrétions alvines des malades peuvent-elles transmettre le choléra? A cette question, nous répondrons par un fait que nous trouvons consigné dans un rapport lu au Comité médical de Marseille par M. Ménécier.

« M. A... de P... nous racontait qu'ayant émigré loin de Marseille, le paysan qui habite sa campagne, dans notre banlieue, avait eu l'idée de bénéficier sur la frayeur de bien des personnes qui ne voulaient pas garder l'engrais humain, et qu'ainsi il avait autorisé quelques vidangeurs de la ville à venir déverser leurs produits dans sa propriété. Le paysan s'était bien gardé de venir à Marseille depuis l'apparition du choléra, lorsque, après avoir reçu pendant quelques jours les vidanges en question, il fut pris subitement de symptômes cholériformes assez graves pour compromettre sérieusement sa vie [1]. »

[1] Historique de l'épidémie du choléra à Marseille en 1865, par le Dr Ménécier. Paris, 1866, pag. 27.

Avant d'en finir avec la contagion, nous tenons à reproduire les idées émises à ce sujet par un ancien anti-contagionniste, dont les convictions sont plus qu'ébranlées par les faits nombreux qu'on a observés pendant la dernière épidémie.

« Si d'une part, dit le Dr Briois [1], l'observation prouve avec la dernière évidence que le choléra se propage par la voie miasmatique et, par conséquent, qu'il est infectieux, d'autre part les observations récentes, multipliées et très-rigoureusement établies, tendent à faire admettre la contagiosité de cette maladie. »

Nous ne pouvons terminer sur la contagion sans citer un de nos Maîtres, le professeur Jaumes, qui dans un récent article a bien fait ressortir combien les idées de l'École de Montpellier, sur la contagion, ont été confirmées par l'épidémie de 1865: Il rappelle les écrits faits sur cette matière, et mentionne surtout le livre remarquable du professeur Anglada.

« Le choléra est contagieux, dit M. Jaumes; les preuves de ce fait sont trop nombreuses, trop éclatantes, pour que l'hésitation soit permise. Là où il y a des raisons pour croire à l'intercurrence de l'épidémicité, de l'infection, il faut admettre ces causes. Le choléra n'est donc pas exclusivement épidémique,

---

[1] Union médicale, 11 août 1866, pag. 279. (Rapport lu à la Société médico-chirurgicale de Paris.)

contagieux, encore moins infectieux ; il peut être à la fois tout cela [1].

A ces grandes causes, épidémicité, contagiosité, infectiosité, viennent s'en joindre d'autres dont l'action n'est point sans influence.

Au premier rang de ces dernières se trouve une prédisposition toute particulière de l'organisme, toujours nécessaire pour contracter une maladie contagieuse.

Nous devons citer encore d'autres causes adjuvantes, comme la chaleur de l'été, le défaut d'aération, les émanations putrides, les aliments de mauvaise nature, les troubles digestifs négligés, les émotions morales, surtout les passions tristes, la peur, enfin tous les excès. Dans certains cas, la maladie a paru se rattacher à des variations brusques de température, et surtout au passage subit du chaud au froid. Enfin, M. Gendrin a signalé ce fait, reconnu de tous aujourd'hui, que le choléra se montre avec une intensité plus grande sur les bords des grands cours d'eau, dans les endroits marécageux et humides.

Telles sont, en résumé, toutes les causes qui peuvent exercer une influence plus ou moins grande sur le développement du choléra. Il n'est pas inutile de les

[1] *Montpellier médical*, tom. XV, 1865, pag. 547.

connaître, car l'expérience de chaque jour démontre tout l'avantage que la thérapeutique peut retirer de cette connaissance.

Nous pouvons, dès maintenant, nous livrer à l'étude des moyens qu'on a opposés à la maladie qui nous occupe.

TRAITEMENT.

Établir les indications dominantes, aller droit aux agents thérapeutiques les mieux appropriés à leur nature, constitueront toujours les qualités les plus précieuses du praticien, et les meilleures garanties de ses succès.

Cette phrase, que nous retrouvons dans une des Chroniques mensuelles du *Montpellier médical*, rédigé comme on sait par nos Maîtres, va nous guider dans l'étude que nous allons faire du traitement du choléra.

Considéré au point de vue des indications qu'il présente, le traitement du choléra peut être divisé en deux parties : le traitement prophylactique et le traitement curatif. Ce dernier peut être envisagé sous un point de vue différent, suivant les périodes : période prodromique, période du choléra confirmé, période de réaction.

TRAITEMENT PROPHYLACTIQUE.

Détruire le mal à sa source, l'arrêter dans sa marche, prévenir son importation : telles sont les mesures

générales qui sont aujourd'hui à l'ordre du jour, pour
prévenir le retour en Europe de ces grandes épidémies
qui ont décimé nos populations.

Assainir les pays, établir des bureaux de secours,
prescrire quelques mesures hygiéniques : tels sont les
moyens qu'on a reconnus bons pour se rendre maîtres de l'épidémie.

Nous allons étudier successivement les moyens
mis en œuvre pour arriver à ce double but.

« Aujourd'hui que le percement de l'isthme de Suez
a rompu la mince barrière qui, pendant des siècles,
a rendu interminable la route des Indes, que celui de
Panama a trouvé des appuis jusque dans le monde fi-
nancier, que la navigation aérienne se prépare à réa-
liser ses merveilleuses promesses, l'assainissement
du Gange devait sortir tout accompli du cerveau des
hommes, pour qui les chimères et l'impossible ont un
attrait irrésistible. » Ces paroles d'un savant agrégé,
aujourd'hui professeur de cette École, disent assez
combien ce projet d'assainir les bords du Gange,
qu'ont eu certains hommes, est hérissé de difficultés.
Parmi ces hommes, se trouve M. Bonnefond, qui
pense que c'est dans le delta du Gange, au point de
départ primitif du choléra, qu'il faudrait agir énergi-
quement, en faisant cesser sur ces terrains empoi-
sonnés les causes locales qui entretiennent la maladie. Pour cela, il a proposé, avec M. le Dr Sélim-

Ernest Maurin, de coloniser le delta. Mais qui ignore combien sont grandes les difficultés qu'on a eues à surmonter quand on a voulu coloniser et défricher des pays plus ou moins éloignés ! Mais passons sur ces difficultés dans l'exécution. Ce projet une fois accompli, remplirait-il le but qu'on se propose ? Nous ne le pensons pas. En cela, nous partageons les opinions de M. Dechambre qui, dans son excellent journal, remarque avec beaucoup de sens que le choléra vient aussi bien du Cambodge, de l'Inde et de l'Euphrate, que du Gange. Sur chacun d'eux, il faudrait exécuter des travaux analogues; et qui ne reculerait devant une aussi gigantesque et périlleuse entreprise ! Il faudrait y dépenser tant d'argent, y sacrifier tant d'existences d'hommes, qu'on peut la considérer comme une impossibilité. C'est donc là une utopie sur laquelle nous ne devons plus nous arrêter.

Les efforts des hommes étant impuissants pour arrêter le mal dans sa source et l'y détruire, on devait chercher à l'arrêter dans chacune de ses étapes, pour l'empêcher d'arriver jusqu'à nous.

Arrêter le fléau à sa première étape, au moment où il va s'élancer de son foyer asiatique, tel a été le désir de tous les peuples intéressés. Dans ce but, des mesures prophylactiques ont été proposées par le gouvernement français.

Se fondant sur la marche de la dernière épidémie, MM. les Ministres des affaires étrangères et du commerce [1], dans un rapport bien motivé, adressé au chef de l'État, ont établi qu'il y aurait une véritable opportunité à provoquer la réunion d'une conférence diplomatique, où seraient représentées les puissances intéressées, comme la France, aux réformes que réclame l'organisation actuelle du service sanitaire en Orient. On y poserait, avant tout, la question de savoir s'il y aurait utilité d'établir en Orient une administration sanitaire internationale, chargée de surveiller d'une manière spéciale l'état de santé des nombreuses caravanes qui se rendent chaque année à la Mecque, et, dans le cas de maladie constatée, d'empêcher toute communication avec l'Europe.

Ces mesures prophylactiques, si elles sont conçues et exécutées avec toute l'exactitude et la sévérité nécessaires en pareille matière, seront les plus radicales que sérieusement il est possible de prendre aujourd'hui.

Mais il est permis de se demander s'il sera bien facile d'exercer dans des pays lointains une surveillance bien sérieuse, bien que les administrations sanitaires aient un caractère international qui assure leur indépendance, et donne à leur contrôle toutes les garanties possibles de loyale impartialité.

Cependant, nous ne saurions trop être de l'avis de

[1] Moniteur, 3 octobre 1865.

M. Seux [1], quand il dit : « On ne saurait trop louer une pareille initiative (*de la part du gouvernement français*), d'autant plus qu'elle a eu déjà un commencement d'exécution par la nomination d'une commission chargée de donner aux personnes qui représenteront la France en Orient les instructions nécessaires pour les diriger dans leurs délibérations. Des hommes éminents par leur caractère, leur intelligence et leur savoir ; des hommes brisés aux études les plus difficiles de la biologie et de l'hygiène publique, composent cette commission ; elle doit inspirer toute confiance à l'Europe. »

Mais on ne peut encore compter sur cette commission internationale, qu'on a dit du reste devoir être inefficace. Il convient de se garder chez soi, d'y prévenir l'importation du fléau.

On a essayé d'obtenir ce résultat au moyen des cordons sanitaires et des quarantaines.

Le système des quarantaines s'est montré utile dans l'épidémie actuelle. A Salonique, à Syra, au Pyrée et en Sicile, on a pu se préserver du fléau par les mesures quarantenaires qui y ont été adoptées.

Le système Mélier, au contraire, a manifesté sa déplorable inefficacité.

Malgré les faits nombreux qu'il a été donné d'ob-

---

[1] *Loc. cit.*, pag. 110.

server aux médecins du midi, et qui leur ont fait réclamer à grands cris le rétablissement des quarantaines [1], on compte encore quelques partisans quand
même du système que M. Mélier appuie de son impo-
sante autorité. Il en est qui n'ont vu dans ces faits
que la condamnation définitive des quarantaines.

Ces hommes opposent au système des quarantaines
des objections qui peuvent se résumer dans ces trois
griefs : elles portent des entraves à la liberté du commerce, elles blessent les lois de l'humanité, elles constituent des mesures d'un autre âge.

La liberté du commerce ! mais cette liberté doit se
plier devant un intérêt d'ordre supérieur. Dans son
rapport du 6 septembre 1865, M. le Ministre de
l'agriculture et des travaux publics n'a pas craint d'en-
traver le commerce, de jeter même une perturbation
momentanée dans une des sources les plus importantes
de l'alimentation publique, en prescrivant des mesures
préventives les plus radicales pour la conservation de
l'espèce bovine. N'est-il pas plus urgent encore de
sauvegarder les intérêts de l'espèce humaine ? Quoi
qu'en aient dit ceux qui combattent les quarantaines,
dans la Grande-Bretagne, dans les États-Unis, on a
su sacrifier les intérêts du commerce. A Malte, pendant tout le temps de l'épidémie de 1865, les provenances de Marseille n'étaient pas librement admises.

[1] Seux, Espagne, Laugier et Ollive, Moutet, Calvi, etc.

Le Ministre des États-Unis à Constantinople a adressé à son gouvernement des dépêches pour faire ressortir la nécessité des quarantaines ; M. Seward et les journaux de New-York ont complètement approuvé l'utilité de ce moyen préventif.

L'Afrique elle-même, grâce aux mesures prises par S. Exc. le Gouverneur-général, a pu être préservée du fléau.

En présence de ces faits, nous ne saurions trop repousser les conclusions qui terminaient le rapport que le docteur Piétra-Santa a lu à Société médico-chirurgicale de Paris[1]. Ces conclusions sont celles du docteur Cazalas, qui ne craint point de dire que « la quarantaine est non-seulement inutile et illusoire, mais encore dangereuse, parce qu'elle expose les malades et les suspects à l'agglomération, à l'encombrement et à leurs funestes résultats.

» Du moment, ajoute-t-il, que l'institution de la quarantaine est insuffisante pour protéger les pays sains, dangereuse pour les populations envahies, préjudiciable aux intérêts généraux du commerce et de l'industrie, des sciences et des arts, la science médicale rendra un service immense à l'humanité, en proclamant que le choléra n'est pas contagieux[2]. »

[1] Rapport lu à la Société médicale de Paris, 1866.
[2] Cazalas ; Rapport lu à l'Académie impériale de médecine, 1866.

Avec le docteur Espagne, nous admettons l'utilité des quarantaines. Tous les médecins de Marseille qui ont écrit sur le choléra, MM. Pirondi, de Fabre, Laugier et Ollive, Seux, ont insisté sur cette utilité et ont à ce sujet donné des idées que nous allons résumer ici :

Chaque navire représente pour eux une petite ville avec ses habitations, ses habitants, ses conditions atmosphériques et hygiéniques particulières. Si cette ville flottante est, par son détachement d'une cité infectée, infectée elle-même, tout ce qui la compose doit être purifié complètement, et cela d'autant mieux que ses proportions exiguës ont pour ainsi dire concentré l'infection partout. La quarantaine est donc nécessaire, non-seulement pour le bois du navire, mais elle est indispensable pour les voyageurs, les matelots et les marchandises.

Mais, nous diront ici les adversaires des quarantaines, vous blessez les lois de l'humanité ! Un savant médecin des épidémies du Hâvre a écrit dans un important mémoire :

« L'éparpillement des individus est le seul moyen d'atténuer les effets du miasme cholérique. Le système des quarantaines, soit par terre, soit par mer, qui favorise l'agglomération des individus, est un système usé, pernicieux et qu'il faut se hâter de faire disparaître [1]. »

[1] Dr Le Cade ; Mémoire cité par M. Piétra-Santa.

A tous ces reproches, nous répondrons par ces paroles de M. le professeur Moutet : « Quant au dommage, dit-il, qu'éprouvent les passagers contraints de séjourner pendant un temps plus moins prolongé au milieu d'un foyer d'infection, il faudrait avant tout bien s'entendre. Évidemment, ce n'est pas au sein du milieu même dans lequel ils ont fait une traversée plus ou moins longue, qu'on est dans l'usage de les parquer; ensuite, si la maladie n'est réellement pas contagieuse, leur santé ne court aucun risque; si elle possède ce triste privilége, est-il donc impossible, en les distribuant en plusieurs catégories, de les soustraire à son influence? En dernière analyse, ce n'est pas habituellement en faveur du petit nombre que se résolvent de pareilles difficultés. Dans l'imminence d'un danger public, de quel poids peuvent être des considérations individuelles et des mœurs privées[1]? »

Qui empêche, du reste, d'exiger que les individus qui viennent d'un pays suspect fassent leur quarantaine dans un lazaret où ils auraient de l'air, de l'espace, des appartements commodes, et des jardins spacieux; ou bien de les laisser sur les navires qui les ont portés, où les dangers et les accidents de l'encombrement ne peuvent tarder à se manifester, pour peu qu'il se trouve des maladies à bord!

M. le docteur Espagne parle dans son important

[1] Chronique mensuelle. (*Montp. médical*, tom. XV. pag. 367.)

mémoire de fugitifs de l'Asie qui, repoussés partout, avaient débarqué à Dilos. Il s'y trouvait quatre ou cinq cents personnes de tout pays. On leur envoya des vivres, des planches pour construire des baraques et une musique pour les égayer.

On pourrait chercher à imiter les habitants des Cyclades, de Syra ; car, comme le dit parfaitement le professeur-agrégé que nous venons de citer, c'est surtout en temps d'épidémie que l'homme ne vit point seulement de pain ; il lui faut encore la gaieté de l'âme, qui réjouit et dilate, pour ainsi dire, le système nerveux, par des impressions heureuses, tout opposées aux impressions concentriques de la tristesse [1].

Quant au reproche qu'on a fait aux quarantaines de constituer des mesures d'un autre âge, nous leur répondrons par ces paroles de Niemeyer : « On a reconnu à l'évidence que les quarantaines et les interruptions de toute relation d'endroit à endroit, mesures que l'on avait déclarées complètement inefficaces, d'après les observations faites pendant les premières épidémies de choléra, offrent, au contraire, des garanties très-sérieuses, pourvu qu'on les exécute avec l'énergie et la persévérance nécessaires. [2] »

L'utilité des quarantaines étant admise, on doit

---

[1] *Loc. cit.*, pag. 31.
[2] Niemeyer ; Paris, 1866, tom. II, pag. 754.

chercher, comme nous venons de le dire, à les rendre aussi efficaces que possible, c'est-à-dire qu'elles doivent non-seulement s'appliquer au navire tout entier, contenant et contenu, mais encore qu'elles doivent être mises en pratique pour tout navire venant d'un pays où règne le choléra, que ce navire ait eu ou non des malades à bord pendant sa traversée.

Combien de jours doit durer cette quarantaine ?

A ce point de vue, nous nous trouvons en présence d'opinions variables.

C'est ainsi que le Dr Bozzi (de Constantinople) dit qu'il faut fixer à vingt-quatre jours au moins l'isolement quarantenaire des personnes, et imposer de nouveau la même durée en cas de décès. Dans l'incertitude qui règne encore sur le temps que peut durer l'incubation, huit jours d'observation dans un lazaret convenable et très-aéré, et non sur le navire, paraissent nécessaires à M. le Dr Seux [1].

MM. Pirondi et Auguste Fabre, en demandant une quarantaine de huit jours au lieu de cinq, comme l'établit la convention sanitaire de 1854, ont deux fois raison : d'abord parce qu'on ne saurait avoir trop de précautions quand il s'agit de mettre tout un pays à l'abri du mal, et ensuite parce qu'il n'est nullement prouvé que l'incubation du choléra ne soit que de cinq jours.

---

[1] *Loc. cit.*, pag. 114.

Le Dr Espagne pense que quinze jours de quarantaine sont suffisants pour annihiler le germe morbifique, sauf à admettre une prolongation nouvelle si les circonstances ultérieures le réclamaient. Cette prescription devrait être appliquée aux provenances par mer et commencer le lendemain du jour de l'apparition des symptômes cholériques à bord, ou le lendemain du départ du port infecté [1].

En même temps qu'on laisse ainsi au renouvellement de l'air le soin d'annihiler les miasmes, tous les auteurs auxquels nous avons emprunté une grande partie des détails consignés ici, recommandent d'aider ce grand moyen par des lavages multipliés et par l'emploi des désinfectants. Le phénate de soude, qui constitue, comme on sait, le désinfectant le plus énergique connu de nos jours, sera utilement employé pour assainir les effets des voyageurs et les objets composant la cargaison.

Que penser des cordons sanitaires ? C'est là un moyen qui est condamné aujourd'hui. Rech et Dubrueil en avaient déjà constaté l'inefficacité dans leur fameux mémoire ; ils rappellent que la Russie, l'Autriche et la Prusse y ont eu recours lors de la première épidémie, sans éviter pour cela le fléau. En 1835, le Piémont et les États de l'Italie ont voulu renouveler ce moyen et n'ont pas été plus heureux.

[1] *Loc. cit.*, pag. 53.

Les cordons sanitaires ont été condamnés, dans ces derniers temps, par le D' Bonnet (de Bordeaux), dans un mémoire adressé à la Société médico-chirurgicale de Paris. Il rappelle que les cordons sanitaires établis dans le but d'obtenir l'isolement, sont à peu près illusoires, puisqu'il est avéré que des milliers de maraudeurs et de contrebandiers les violent continuellement, malgré la surveillance qu'on y apporte et malgré la rigueur des lois. Presque toujours, ajoute-t-il, ils ont eu les plus déplorables résultats. La peste de Marseille, en 1720, fit mourir plus de cent mille personnes, malgré le cordon de troupes dont on avait entouré cette ville. Il n'en aurait pas été de même si les habitants avaient pu fuir. Il rappelle aussi qu'à Barcelone, en 1822, la fièvre jaune cessa d'exercer ses ravages aussitôt qu'on eut ouvert les portes de la ville et que ses habitants eurent la liberté d'aller au dehors respirer un air pur et vivifiant. Pour M. Bonnet, au contraire, les quarantaines ont une incontestable utilité [1].

Mais le choléra a été importé, il est venu fondre sur une ville ; ne peut-on, par des mesures hygiéniques, enrayer la marche de l'épidémie, l'empêcher dans son évolution ? Il est facile de répondre d'une manière

____

[1] Bonnet (de Bordeaux) ; De la contagion en général, et en particulier du mode de propagation du choléra-morbus et de sa prophylaxie.

affirmative. Pour cela, on peut avoir recours à des
mesures hygiéniques générales et à des mesures hygiéniques particulières.

Mesures hygiéniques générales. — Assainir la localité envahie, établir des bureaux de secours, instituer des visites préventives, tels sont les moyens gé-
raux auxquels on doit d'abord recourir.

L'influence fâcheuse qu'ont paru exercer dans beaucoup de localités les effluves et les miasmes putrides,
suffit pour inviter les médecins à réclamer des mesures de police très-sévères. On doit veiller avec un
soin tout particulier à la propreté des rues, des habitations et de leurs dépendances. Personne n'ignore
combien l'infection miasmatique locale est fréquente.
Lorsque la terreur s'est emparée des esprits, tous soins
de propreté sont négligés et les malades eux-mêmes
sont abandonnés à leur malheureux sort. Les latrines,
les fosses à fumier, les rigoles mal tenues, favorisent
la propagation de l'infection cholérique ; aussi l'Administration municipale de chaque localité doit-elle insister, avec toute l'énergie possible, sur la nécessité
de les nettoyer et de les désinfecter.

Dans certains cas, on a vu l'infection dépendre de
la présence de ces mares que l'on entretient dans certains villages, et alors il est facile de la faire cesser.
L'autorité, dans ces circonstances, est toujours obligée
d'intervenir, mais elle ne doit pas craindre de blesser

quelques intérêts privés, puisqu'elle agit dans l'intérêt de tous.

Ce fait d'infection toute locale nous rappelle cette fausse alerte des habitants de Poussan (Hérault), qui dans l'espace de quelques jours perdirent, cet hiver, assez de malades pour réclamer une visite du savant médecin des épidémies des ces contrées, M. le professeur Dumas. Transporté sur les lieux, ce professeur constata que le point du village où étaient survenus les quelques cas cholériques qui avaient tant effrayé la population, présentait des conditions anti-hygiéniques dès plus remarquables. L'assainissement de cette partie du village fut reconnu nécessaire et effectué, et depuis cette époque rien d'anormal n'a plus reparu.

Que penser des feux que l'on a allumés, dans la ville de Toulon en particulier ? ont-ils, comme on l'a cru d'abord, une action spéciale sur les miasmes cholériques ?

La spécificité d'action de ces embrasements est douteuse. Nous partageons en cela l'opinion du docteur Espagne ; comme lui, cependant, nous dirons qu'ils ne sauraient être nuisibles, on peut les considérer, au contraire, comme un bon moyen de purifier l'air, car, par la chaleur qu'ils développent, ils doivent établir un grand courant d'air qui renouvelle l'atmosphère, et chasser les miasmes ou favoriser leur dissémination.

Aussitôt que le choléra atteint une ville, les habitants sont frappés de terreur, les riches fuient, les pauvres restent condamnés au dénûment le plus absolu, les malades sont abandonnés. C'est dans ces moments terribles que les médecins ont à montrer un zèle à toute épreuve, et que les administrateurs ont besoin d'une activité soutenue, d'une fermeté inébranlable.

L'établissement de bureaux de secours institués dans toutes les villes, est venu mettre fin à ce désordre, et l'on peut dire que dans l'épidémie dont nous avons été témoin à Toulon, ces bureaux de secours ont incontestablement contribué à diminuer le nombre des victimes.

Ces bureaux de secours ont pour but de donner à la classe indigente des soins et des médicaments gratuits, en même temps que d'organiser des ambulances et d'instituer des visites préventives.

Ces bureaux de secours ont puissamment contribué à nous rendre maîtres de l'épidémie qui a sévi à Toulon, et l'on ne saurait trop, à cet égard, remercier la Municipalité de cette ville des bonnes intentions dont elle a fait preuve à ce sujet.

Des ambulances avaient été instituées dans chaque quartier, et chaque ambulance était desservie par deux ou trois médecins.

Placé à l'ambulance de la place Saint-Jean, nous avons recueilli certains malades qui, frappés dans

la rue, ont reçu de nous les premiers soins, et ont
pu de là être évacués sur les hôpitaux.

Les visites préventives ne se trouvaient point or-
ganisées lors de notre séjour à Toulon. C'est là cependant, on le sait, un moyen préventif des plus puis-
sants.

Le service des visites préventives, organisé en An-
gleterre, aurait donné, d'après la statistique, des résultats merveilleux. M. Mélier a fait connaître comment
ce service médical préventif était organisé : deux ins-
pecteurs, à la disposition desquels sont mis un nombre
suffisant de jeunes médecins et d'élèves, distribuent
leurs collaborateurs par quartiers ou districts.

Les médecins visiteurs vont de porte en porte. Ils
se présentent le matin avant le départ des ouvriers
pour le travail, ou le soir après leur retour. Dans ces
conditions, ils trouvent presque toute la famille, ils
interrogent, ils s'informent. Quelqu'un a-t-il la diarrhée, ils prescrivent le traitement ; ou, s'il y a urgence,
ils délivrent eux-mêmes les médicaments, qu'ils portent toujours dans leurs poches.

Avant d'en finir avec les mesures hygiéniques générales, qu'on nous permette de transcrire ici quelques
renseignements qui nous ont été donnés par un médecin Belge, M. Laroche, sur les mesures hygiéniques
que l'on prend dans l'armée, lors d'une épidémie :

Aussitôt que le choléra sévit dans une ville, une active surveillance est exercée sur tous les hommes de l'armée. Des sentinelles placées à chacune des latrines de la caserne ont pour devoir de signaler les hommes qui se rendent dans ces lieux. Aussitôt ces derniers sont mandés et interrogés, et, s'ils accusent de la diarrhée, on les soumet au repos, à l'usage de moyens préventifs variables, en même temps qu'on leur prescrit des promenades hors de la ville.

C'est là, nous le croyons, une mesure utile, et qui pourrait être imitée par l'administration militaire de nos pays. D'après M. Laroche, on a pu juguler ainsi bon nombre de cholérines qui n'auraient fait que s'aggraver sans ces précautions.

Mesures hygiéniques particulières — Quant aux mesures hygiéniques particulières, elles ont aussi leur importance.

A ceux auxquels les nécessités de la vie, le devoir ou l'honneur ne défendent pas de fuir le fléau, le médecin doit conseiller de s'éloigner. Comme on court un bien grand danger dans une ville où règne le choléra, et un danger plus grand encore dans une maison où la maladie a éclaté, qu'en d'autres lieux, il n'est pas irrationnel que les personnes qui peuvent entreprendre de grands voyages sans s'imposer de lourds sacrifices, fuient le danger. A ces privilégiés nous répéterons ces mots d'un médecin aussi modeste que savant, M. Max.

Simon, et nous leur dirons : «Fuyez, si en face du péril vous vous sentez défaillir ; mais fuyez vite, de peur d'emporter avec vous le germe de la maladie, et informez-vous bien de la direction de l'épidémie, car vous pouvez la rencontrer en route, et comme à beaucoup l'émigration pourrait vous être funeste [1]!»

Les riches seuls, en général, peuvent, en pareil cas, user de ce moyen pour se soustraire au danger qui plane sur tous, et mettre en leur faveur les chances réelles, bien que non certaines assurément, qu'il leur offre d'échapper à l'épidémie.

Mais à ces riches incombe un devoir: ils ne doivent point oublier les malheureux qui restent, et on ne saurait trop répéter ces belles paroles de l'homme de cœur que nous citions tout à l'heure : «Riches! songez, en partant, aux malheureux qui portent le poids du jour, qui, plus que jamais, vont boire à la boue du torrent, et à qui du repos, une bonne alimentation, la propreté sur eux-mêmes et dans l'intérieur de leur habitation, sont plus que jamais nécessaires pour se défendre de la maladie, et répandez largement sur eux vos bienfaits. L'aumône servira de rançon à votre prudence. On dit qu'Alexandre plaçait sur son chevet les poésies d'Homère, pour avoir des songes divins ; le Christianisme vous enseigne un secret bien plus sûr

[1] **Max. Simon; De la préservation du choléra. Paris, 1866, pag. 162-165,**

pour vous procurer ces songes du jour et de la nuit
qui réconfortent l'âme et impriment au système nerveux lui-même, affaibli par la terreur, une énergie qui
le soutiendra dans la lutte : c'est la charité. Loin du
théâtre de l'épidémie, vous serez présents par là; et,
loin d'avoir déserté votre poste, vous aurez, au contraire, sentinelle avancée de la charité, gardé fidèle-
ment celui qui, dans ces lamentables calamités, vous
est assigné par la position que vous occupez dans la
hiérarchie sociale[1]. »

Ces émigrations constituent un excellent moyen
pour arrêter les progrès de l'épidémie. Nous lisons
dans le mémoire de M. Espagne[2] qu'à Constantinople,
lors de la dernière épidémie, le sultan favorisa l'émigration par tous les moyens possibles, et mit à la disposition du public ses bateaux à vapeur, qui transpor-
tèrent gratuitement dans diverses directions tous ceux
qui voulurent fuir.

Les personnes forcées de rester sur place, devront
s'astreindre à quelques règles hygiéniques.

L'alimentation doit être variée, un peu plus répa-
ratrice que d'habitude, mais sous un petit volume. Il
faut en proscrire tous les aliments réputés indigestes.
On pourra permettre l'usage modéré d'un bon vin
rouge.

1 *Loc. cit.*, pag. 165.
2 *Loc. cit.*, pag. 23.

Autant que possible, on doit éviter les veilles, les affections morales, les excès de la fonction génésique, les fatigues, les privations, en un mot toutes les causes d'affaiblissement.

Les boissons stimulantes, les infusions chaudes ne sont bien utiles qu'après un repas copieux ou dans le cours d'une digestion difficile.

Que penser de l'usage exagéré que certaines personnes font des alcooliques? Le rhum, le cognac, les liqueurs ou élixirs de diverse nature, pris à profusion, constituent un moyen dangereux. Comme le font parfaitement remarquer MM. Laugier et Ollive, cet abus peut déterminer des phlegmasies du tube digestif, dont l'existence favorise l'invasion cholérique.

Une règle sur laquelle il faut insister, c'est de ne pas prendre son repos dans la chambre des cholériques, mais hors du foyer miasmatique ; car il est d'observation que l'action des miasmes est beaucoup plus intense pendant la nuit.

On devra prescrire encore l'entretien des fonctions de la peau par des lotions fréquentes, les bains tièdes peu prolongés, des vêtements suffisamment chauds, l'usage de la flanelle et les applications de ceintures sur l'abdomen.

On conseillera à ses clients quelques courses à la campagne : en cela, nous nous rangeons complètement de l'avis du professeur Fonssagrives et du Dr Espa-

gne [1], quand ils condamnent le moyen préventif conseillé par le Dr Max. Simon contre le choléra.

Pour cet auteur, le choléra n'est pas contagieux,
c'est une maladie exclusivement épidémique. Son miasme producteur est disséminé dans l'air, et les chances
d'en subir les atteintes sont, toutes choses égales d'ail-
leurs, d'autant plus grandes qu'on vit plus longtemps
à l'air libre ; d'où cette prophylaxie qu'il faut, autant
que possible, se tenir renfermé chez soi, pour mettre
de son côté les chances favorables.

L'idée mère de son livre est la peur de l'air cholé-
rigène.

M. le professeur Fonssagrives [2] s'élève avec raison
contre ces idées : « La doctrine du confinement, dit-
il, nous paraît dangereuse en ce qu'elle ne peut manquer d'être exagérée par la frayeur, et nous ne voyons
pas trop en quoi, au point de vue des résultats mo-
raux, elle est plus inoffensive que celle de la contagion ;
nous la redoutons surtout parce qu'elle conduit for-
cément à se placer, sous le rapport de l'aération, dans
des conditions que les données séculaires de la médecine portent à considérer comme contre-indiquées dans
les épidémies. L'aérophobie est un préjugé que l'hygiène doit pourchasser, sur le terrain du choléra comme

---

[1] *Montpellier médical*, tom, XVI, février 1866.

[2] Bulletin général de thérapeutique, tom. XXXVI, 15 janvier
1866, pag. 38.

sur tout autre, car il lui crée les embarras et les préjudices les plus sérieux. »

Enfin, il est bon d'avertir ses clients qu'ils aient à se surveiller de la manière la plus attentive, leur conseiller d'envoyer chercher immédiatement le médecin dès qu'ils se sentiront atteints d'une diarrhée.

Il est bon aussi de leur persuader qu'on ne prévient pas le choléra par l'abus de tous ces prétendus spécifiques qu'ont vantés bon nombre de spécialistes.

C'est ainsi que certains auteurs, se basant sur ce fait que le choléra a épargné, dans beaucoup d'endroits, des établissements où se trouvent des individus atteints de syphilis, ou les ouvriers occupés à des travaux qui exigent le maniement du mercure, ont prétendu que cet agent, imprégnant l'économie, y déterminait un état particulier en antagonisme avec le choléra, et l'empêchait de se développer. De là les préparations mercurielles données comme un préservatif.

L'iodure de potassium a été vanté de la même manière par M. Marchandier.

Malheureusement les faits sont venus infirmer cette manière de voir.

Les essais que l'on a faits sur le sulfate de quinine administré à titre de prophylactique, n'ont point été plus heureux. M. le Dr Jules Guyot de Sillery, qui le premier a vanté, à ce titre, ce médicament, l'a donné à ses clients à la dose de 0,10 centigrammes, trois fois dans la journée et pendant toute la durée de l'épidémie, sans obtenir de succès convaincants.

L'arsenic recommandé par M. Bouchardat, l'huile d'olive préconisée par M. Robert, n'ont pas eu de résultats plus avantageux. Il en est de même de la décoction d'argentine recommandée par le Dr Bordes, ainsi que d'une foule d'autres moyens qu'il serait trop long d'énumérer ici.

En résumé, une bonne hygiène, consistant à ne rien négliger pour éloigner, autant que possible, des organes digestifs toute espèce de trouble, toute fluxion, constitue, pour chaque individu, le meilleur moyen prophylactique auquel chacun doit recourir.

Traitement curatif.

Dans l'immense majorité des cas, le choléra, avant
de se produire avec cette série de symptômes qu'on
ne peut plus oublier quand on les a vus une seule fois,
est précédé par un certain nombre de phénomènes, et
surtout par une diarrhée d'un caractère particulier,
qui ont été dits phénomènes précurseurs. Tous les médecins croient aujourd'hui à la période prodromique;
rarement le choléra revêt cette forme qui lui a fait
donner le nom de choléra foudroyant. A cette période
prodromique succèdent tous les phénomènes qui caractérisent le choléra confirmé, et au premier rang
desquels nous trouvons l'algidité.

En dernier lieu peuvent survenir des phénomènes
variables, dont l'ensemble constitue la période de
réaction.

Le traitement du choléra doit être étudié suivant ces
trois périodes.

PÉRIODE PRODROMIQUE.

La diarrhée prémonitoire est considérée comme le
phénomène le plus saillant du prélude du choléra. Avec

elle existe le plus souvent un certain degré de lassitude et d'abattement.

Cette diarrhée est constituée par des évacuations qui se succèdent à des intervalles plus ou moins longs ; les matières rejetées sont très-copieuses et de consistance aqueuse ; il n'existe habituellement ni colique ni ténesme.

Cette diarrhée constitue pour M. Niemeyer[1] une des formes du choléra ; c'est pour lui la forme la plus légère de cette maladie.

Dans certains cas, d'autres phénomènes viennent se joindre à cette diarrhée. On peut voir survenir des troubles gastriques : inappétence, nausées, quelques vomissements, une céphalalgie sus-orbitaire, anéantissement des forces, sueurs spontanées.

Le médecin doit agir, car une intervention prompte et raisonnée peut arrêter le mal, alors qu'il commence. Pour cela, il peut choisir parmi les médications évacuante, narcotique, astringente ou absorbante, stimulante, car l'expérience a sanctionné les services qu'elles peuvent rendre. Étudions d'abord ces médications d'une manière générale, quant à leur application à cette première période.

1° *Médication évacuante.* — Cette médication a été vantée dans la période prodromique par des hommes

____

Loc. cit., pag. 742.

considérables, Ripoll, Bernutz, Brochin., Seux, Laugier, Ollive, etc. M. Gubler [1] la repousse en principe.

Beaucoup de praticiens attachent à l'ipécacuanha administré pendant la période prodromique une importance considérable, et lui reconnaissent une efficacité incontestable.

M. Briquet, dans son excellente *Monographie du choléra*, préconise ce médicament, qui, d'après les expressions mêmes de l'auteur, aurait plusieurs fois arrêté et jugulé à l'instant même les accidents, et surtout la diarrhée.

M. Tardieu considère aussi l'ipécacuanha comme un excellent moyen : ce médicament, par ses propriétés à la fois vomitives, contro-stimulantes et diaphorétiques, est singulièrement propre, d'après lui, à remplir les principales indications de la première période du choléra ; aussi doit-on le considérer comme l'un des moyens sur lequel il est le plus permis de compter au début de la maladie.

Toutes les fois qu'il existe des signes d'embarras gastrique, M. Seux croit que l'on ne doit pas hésiter : L'ipécacuanha doit être administré d'après la méthode de M. Jules Guérin ; j'ai toujours donné, ajoute-t-il, 1 gram. à 1^{gr},50 de poudre d'ipécacuanha en deux ou trois prises délayées dans un peu d'eau, en excitant ensuite les vomissements au moyen de dix à douze

[1] Bulletin thérapeutique, février 1866.

verrées d'eau tiède. Dans l'immense majorité des cas, ce moyen m'a suffi pour arrêter la diarrhée [1]. »

MM. Laugier et Ollive se montrent aussi très partisans des vomitifs, et avouent en avoir obtenu des effets merveilleux [2]. L'ipécacuanha est l'agent qu'ils ont employé chez presque tous leurs malades.

Quant à nous, nous croyons que l'ipécacuanha peut être utile contre les prodromes, quand ils sont constitués par de l'embarras gastrique seul ou existant avec la diarrhée. Alors même qu'il y a des évacuations abondantes, ce médicament peut encore être efficace, d'abord à cause de son action diaphorétique, et de plus par la modification qu'il fait subir à la vitalité du tube digestif, de façon à calmer les mouvements péristaltiques et à suspendre à peu près constamment les vomissements et la diarrhée.

Le tartre stibié ne jouit point de la même faveur ; on doit redouter son action trop fortement hyposthénisante. M. Seux [3] croit qu'on doit toujours éviter d'employer ce médicament durant les épidémies cholériques, même pour toute autre maladie que le choléra.

Les purgatifs, expérimentés sur de larges bases contre le choléra, ne comptent aujourd'hui que de bien rares partisans. M. Briquet, qui s'en est fait le défen-

1 *Loc. cit.*, pag. 121.
2 *Loc. cit.*, pag. 108.
3 *Loc. cit.*, pag. 121.

seur, pense que ce sont des moyens de dérivation souvent efficaces, et préconise surtout les purgatifs salins.

M. Guyot de Sillery a fait aussi du sulfate de soude le principal moyen de traitement du choléra. Administré à la dose de 30 à 60 grammes, ce moyen lui aurait constamment réussi, tant qu'il n'existait que de la diarrhée.

M. Seux[1] condamne les purgatifs salins, car ils ont, d'après lui, amené les résultats les plus fâcheux. Il a vu deux cas de choléra intense survenir après l'administration d'un purgatif salin. Ces deux fois, le choléra fut mortel. Il rappelle aussi deux faits remarquables, relatés dans la *Gazette des hôpitaux* du 11 novembre 1865 par M. Chauffard, faits dans lesquels, à la suite d'un purgatif salin, les malades furent pris de choléra.

Le calomel, si vanté par les Anglais, ne s'est pas montré plus efficace.

L'usage des éméto-cathartiques ne saurait être conseillé. M. le Dr Vigla, qui pendant l'épidémie de 1865 qui a sévi à l'Hôtel-Dieu, avait débuté par leur emploi, a dû y renoncer bientôt.

2° *Médication narcotique.* — Elle réunit la majorité des suffrages, et constitue la ressource la plus précieuse dans les premiers degrés de l'affection asiatique.

[1] *Loc. cit.*, pag. 121.

Administrés sous toutes les formes, seuls ou associés aux antispasmodiques, les narcotiques ont eu
tour à tour et leurs succès et leurs revers.

L'opium et ses préparations (laudanum, teinture
d'opium, gouttes anticholériques, etc.) sont employés
par tous les médecins, dès la période prodromique du
choléra.

Quelles sont les préparations auxquelles on doit
avoir recours?

M. Gubler[1] pense qu'il faut éviter de donner l'opium
à l'état solide, en pilules, chez les cholériques, en raison des grands dangers attachés en pareille circonstance
à ce mode d'emploi. D'après lui, il peut arriver que,
pendant l'algidité, les pilules restent indissoutes et
inabsorbées, jusqu'au moment où, la réaction surve-
nue, l'absorption recommence et entraîne dans la circulation des doses énormes du narcotique, capables
de produire une intoxication. Il rappelle à ce sujet
que, dans plusieurs autopsies, on a pu retrouver un
véritable picotin de pilules dans le tube digestif.

Le laudanum constitue, dans ces cas, la meilleure
préparation. On peut le donner par la bouche associé
à un véhicule quelconque; mais il vaut mieux le donner en lavement. On obtient ainsi immédiatement tous
les effets désirés, et l'on n'est pas exposé à voir survenir
plus tard des accidents inattendus. Seulement il faut,

---

[1] *Loc. cit.*, pag. 107.

dans ces cas, agir prudemment, et employer le laudanum à doses fractionnées, c'est-à-dire en petites quantités souvent répétées. On peut le donner ainsi à la dose de 10 à 15 gouttes.

Niemeyer[1], après avoir parlé de l'engouement qu'ont les médecins pour les préparations opiacées, ajoute qu'il ne peut que s'associer à cette manière d'agir, et qu'il prescrit également l'opium contre la diarrhée cholérique. Il le donne à l'état de poudre de Dower ou de teinture mêlée à un véhicule mucilagineux.

Si la diarrhée s'améliore, il est rationnel de continuer à administrer les préparations laudanisées. Si, au contraire, elle persiste malgré la répétition des doses d'opium, ou si elle empire ; si en même temps le malade s'affaisse visiblement, si la peau devient froide, il est contre-indiqué de recourir plus longtemps à l'emploi de ce moyen.

Certains auteurs ont cherché à expliquer ce mode d'action de l'opium contre la diarrhée cholérique. La plupart pensent qu'il a surtout pour effet de diminuer la sécrétion de la muqueuse intestinale, tout en ralentissant les mouvements péristaltiques.

3° *Médication astringente.* — Plusieurs médecins, partant de cette idée que l'usage prolongé des astringents ne manque jamais d'amener la constipation, ont cru

[1] *Loc. cit.*, pag. 758.

en usant de ces moyens, pouvoir se rendre maîtres de la diarrhée cholérique. C'est ainsi que tous les acides tanniques, le cachou, le ratanhia, l'alun, le perchlorure de fer, le nitrate d'argent, les limonades minérales, ont été essayés avec des résultats divers.

Le Dr Graves [1] accorde une grande confiance à l'acétate de plomb. D'après lui, on doit le donner par la bouche, et à doses suffisamment grandes pour être efficace. Il lui est arrivé souvent d'en faire prendre à ses malades 2^{gr},40 dans les vingt-quatre heures, et dans tous les cas il n'a eu qu'à s'en louer.

C'est sous forme de pilules et associé à l'opium, que le médicament doit être ordonné.

Les essais faits sur le nitrate d'argent n'ont point confirmé ce qu'avaient dit de lui certains médecins, M. Lévy (de Breslau), par exemple. Niemeyer [2] avoue que, quant à lui, il n'a jamais eu à se louer de son emploi.

Le ratanhia a été surtout administré en lavements, et aurait, d'après certains médecins, donné d'excellents résultats.

Parmi les limonades minérales, nous devons mentionner la limonade sulfurique, vantée par M. Worms. Ce médecin la préfère aux opiacés; mais, comme le fait parfaitement remarquer le professeur Moutet,

[1] Clinique médicale, tom. I, pag. 537.
[2] *Loc. cit.*, pag. 759.

cette préférence est demeurée une fantaisie person-
nelle.

Le cachou, l'alun, ont été donnés en potions,
soit seuls, soit associés à des préparations opiacées.

M. Gubler [1] n'est point partisan de la médication
astringente, dans la période prodromique du choléra.
Il rappelle que les premiers effets des astringents sur
le tube digestif consistent à exciter la contractilité de
cet organe, et à favoriser par conséquent ses sécrétions. D'après lui, en administrant des astringents
contre la diarrhée prémonitoire, on ne peut que manquer son but, et perdre un temps précieux qu'il est
souvent impossible de rattraper. Il conseille à ceux
qui veulent employer ces agents, d'avoir soin de les
associer aux narcotiques.

Médication absorbante. — Les absorbants ont
rendu de bons services dans la diarrhée prémonitoire.
Le meilleur parmi tous est le sous-nitrate de bismuth, mis en honneur par le professeur Monneret.
Alors que les opiacés, l'ipécacuanha, n'ont pas pu réussir à arrêter la diarrhée, on peut recourir à ce médicament, ou mieux aux diverses préparations calcaires
(eau de chaux, yeux d'écrevisses, os des seiches, etc.)
qui peuvent le remplacer sans désavantage, et qui du
moins sont accessibles à toutes les bourses.

[1] Gubler, *loc. cit.*, pag. 106.

Monneret administre le sous-nitrate de bismuth à la dose de 4 grammes et plus dans la journée ; on peut le donner sous forme d'électuaire, associé au diascordium ; c'est là le meilleur mode d'administration.

Médication stimulante. — La médication stimulante est indiquée dans la première période du choléra. Elle sert à conserver au malade sa chaleur naturelle, elle peut servir à stimuler le tube digestif, dont l'état atonique seul peut entretenir la diarrhée.

Quelques précautions, le séjour au lit, le revêtement du corps par des flanelles, suffiront pour conserver autant qu'il sera possible une température élevée.

Parmi les bons moyens que nous avons vu employer pour combattre l'atonie du tube digestif, nous citerons une forte infusion de café. Nous l'avions vu réussir entre les mains du professeur Dupré, quand, à notre arrivée à Toulon, nous avons pu l'essayer avec succès sur plusieurs de nos malades, contre la diarrhée desquels on avait vainement employé tous les moyens qu'offrent les médications que nous venons d'étudier.

Telles sont les médications mises en œuvre contre cette première période du mal. Quelle est leur importance relative ? Quel devra être le choix du médecin alors qu'il se trouvera en présence d'un malade chez lequel se présenteront tous ces phénomènes, que nous avons dits devoir être nommés prémonitoires?

Le traitement de cette période variera suivant la prédominance de tel ou tel ordre de phénomènes.

Existe-t-il la diarrhée prémonitoire type, c'est-à-dire exempte de tout symptôme d'embarras gastrique et d'état saburral, l'indication des opiacées est formelle. Une potion avec le diascordium, le sirop diacode, un lavement laudanisé, sont parfaitement de mise et ne pourront qu'être efficaces.

Au contraire, en même temps que la diarrhée y a-t-il des phénomènes qui annoncent un embarras des premières voies, c'est à l'ipécacuanha qu'on devra recourir, quitte à employer le jour même ou le lendemain les opiacés, si les effets du vomitif sont trop intenses.

Dans tous les cas, c'est à ces deux médications narcotique et vomitive que l'on doit d'abord recourir. Si elles sont impuissantes, on peut penser à donner du café, suivant l'exemple du professeur Dupré; ou bien recourir à des préparations absorbantes, si les moyens déjà mis en œuvre n'ont pas pu suffire pour diminuer la sécrétion intestinale. Les astringents pourront aussi dans ces cas avoir leur utilité.

Chez tous les malades on aura le soin de maintenir le corps à une température assez élevée.

TRAITEMENT DU CHOLÉRA CONFIRMÉ.

Le choléra se présente à l'observation du médecin avec un début qui varie. Tantôt son invasion est précédée pendant plusieurs jours de ces phénomènes dont nous avons parlé dans le précédent chapitre; tantôt ces mêmes phénomènes se succèdent avec tant de rapidité que le malade arrive en quelques heures à la cyanose et à l'algidité ; il est certains cas, enfin, où l'explosion de tous les accidents du choléra confirmé est réellement foudroyante.

Quel que soit son début, le choléra confirmé se présente avec de tels phénomènes, qu'il est impossible de le méconnaître : diarrhée, vomissements, crampes, cyanose, algidité, anurie, aphonie, amaigrissement rapide, voilà toute une série de phénomènes qu'on ne retrouve que dans le choléra confirmé.

Le rôle du médecin est très-difficile ; il doit cependant agir promptement, car le mal va vite.

Existe-t-il un spécifique contre le choléra ? Nous devons malheureusement répondre par la négative, bien qu'à chaque apparition de l'épidémie cholérique on ait vu des médecins vanter tel ou tel moyen soi-disant spécifique. A Toulon, nous avons pu voir à l'œuvre M. Burcq, qui, on le sait, avait quitté la capitale et était venu avec tout un arsenal d'armetures, de plaques, d'anneaux de cuivre, destinés à être appliqués sur diverses parties du corps, pour arrêter la marche du choléra. Ce médecin administrait de plus le sulfate de cuivre à l'intérieur.

Les résultats obtenus par ce médecin sont restés inconnus. M. Lisle (de Marseille), qui a expérimenté cette médication, en aurait retiré quelques avantages ; aussi s'en est-il fait le vulgarisateur.

La fève de Calabar employée par M. le Dr Emile Martin, l'acide phénique préconisé par d'autres médecins, le valérianate de zinc recommandé par le Dr Ourgaud (de Pamiers), et essayé par M. Seux, n'ont pas répondu non plus à l'attente des expérimentateurs.

Enfin, M. Aronssohn, croyant que le choléra est le résultat de l'intoxication du sang par l'acide oxalique contenu anormalement dans l'air des localités infectées, a essayé le bi carbonate de soude à haute dose.

Tous les médecins de Marseille, MM. Seux, Villars, Ménécier, se sont élevés contre ce traitement, qui a amené les plus déplorables résultats. Du reste, M. Hébert, pharmacien en chef de l'hôpital des cliniques à Paris, a, dans une lecture faite à l'Académie des sciences, démontré que le sang des cholériques ne contient pas d'acide oxalique.

Nous pouvons donc rapporter encore aujourd'hui cette phrase que l'on trouve dans un rapport présenté en 1832, par une commission de l'Académie : « De toutes les tentatives thérapeutiques auxquelles on s'est livré pendant l'épidémie, en ville et dans les hôpitaux, il résulte, comme vérité dominante, que, pour la guérison du choléra, il n'existe point de spécifiques ni de méthodes exclusives de traitement. »

Quand le choléra est confirmé et que la période algide est déclarée, le praticien est réduit à la médecine des symptômes.

Rappeler les mouvements vers la périphérie, tout en déterminant une excitation qui puisse réveiller les facultés nerveuses et nutritives annihilées par le mal; modérer l'intensité de certains phénomènes (crampes, vomissements, diarrhée), telles sont les principales indications que doit chercher à remplir le médecin.

La médication excitante ou stimulante offre au praticien beaucoup de ressources pour arriver à remplir la première indication.

On peut agir à l'extérieur, ou bien administrer les stimulants à l'intérieur.

Parmi les stimulants externes, nous trouvons les sinapismes, les frictions ammoniacales, l'urtication, les affusions froides, enfin tous les moyens variés de réchauffement.

Nous n'avons nullement l'intention d'insister sur chacun de ces agents. Que dire, en effet, des sinapismes? Qui ne sait que dès qu'un cholérique se présente,

on lui fait appliquer aussitôt des sinapismes qu'on promène sur tout le corps? Niemeyer [1] blâme cependant
l'usage si répandu de ce moyen; il le rejette même et
préfère recourir, par exemple, à des frictions sur la
peau avec l'huile essentielle de moutarde.

Ces sinapismes, il les a vus laissés en place pendant des demi-journées entières, parce que, d'une
part, les malades se plaignent rarement de vives dou-
leurs, et, de l'autre, parce que les parents, terrifiés
par les affreux symptômes de la maladie, perdent la
tête et oublient de les enlever. De cette manière, la
convalescence est troublée par des inflammations opiniâtres et pénibles de la peau, provoquées par les
sinapismes.

Quelques auteurs ont préconisé des bains sinapi-
sés, et dans la thèse de M. Decori nous trouvons que
M. le Dr Mesnet, médecin à l'hôpital Saint-Antoine,
les a exclusivement employés pendant la dernière épidémie. Ce médecin avait le soin de recourir au mas-
sage avant de mettre les malades au bain, ceux-ci ne
ressentant pas les effets de la moutarde s'ils n'étaient
pas livrés antérieurement à ces frictions.

Les frictions ammoniacales sont plus utiles que les
sinapismes et se sont montrées plus efficaces qu'eux,
dans la dernière épidémie. Nous nous sommes surtout
bien trouvé d'un liniment que nous avions vu employé

---

[1] *Loc. cit.*, pag. 760.

à la clinique de Saint-Éloi ; il est composé de parties égales d'ammoniaque et de térébenthine. Alors que les malades s'étaient montrés réfractaires à toute excitation, nous avons, comme nous l'avions vu faire, usé de ce liniment de la manière suivante : on imbibe une bande de flanelle avec ce liniment, et on l'applique sur la colonne vertébrale d'abord. On promène ensuite sur cette bande un fer à repasser chaud. On en fait autant sur la région épigastrique. Chaque fois, le malade ne manque pas de pousser des cris de douleur, et au bout de quelques minutes de ces applications alternatives, on voit souvent la réaction survenir.

C'est là un moyen très-douloureux, il est vrai ; mais il est permis d'y recourir dans les cas extrêmes.

L'urtication, vantée d'abord par M. Bandisson en 1832, préconisée par M. Belloc dans une thèse soutenue dans cette École, n'a pas été employée à Toulon, durant notre séjour. Du reste, ce moyen s'était montré inefficace entre les mains de Rech, et comme il constitue un moyen barbare qui répugne aux familles, on a bien fait d'y renoncer.

Il n'en est pas de même de l'hydrothérapie appliquée à la période algide du choléra. A Paris, à Marseille, à Toulon, ce moyen s'est montré très utile pour amener la réaction. Déjà en 1832, la *Gazette médicale de Paris* consignait les bons résultats obtenus par Casper, par l'emploi du froid contre le choléra-morbus.

Le savant médecin de Berlin fut amené à employer le froid contre le choléra, par les succès qu'on en retirait dans le traitement des asphyxiés par congélation. Il faisait à ses malades des affusions perpendiculaires sur la tête, le dos et la poitrine, et des affusions horizontales lancées à une certaine distance et avec autant de force que possible sur la poitrine et l'estomac.

Ces douches froides devaient être données aussi promptement que possible, et répétées, selon la gravité de la maladie, toutes les deux ou quatre heures.

Après l'affusion, le malade était porté dans son lit et entouré jusqu'au cou de couvertures de laine bien chauffées. Au-dessous de ces couvertures on appliquait des compresses froides sur la poitrine, l'abdomen et le dos, dans une grande étendue, avec ordre de les changer aussitôt qu'elles devenaient chaudes.

Ce traitement aurait donné à l'auteur Prussien les résultats les plus satisfaisants.

Pendant l'épidémie de 1855, l'hydrothérapie a été remise en honneur. A Paris, deux médecins de l'hôpital Saint-Antoine : MM. le Dr Boucher de la Ville Jossy, et le Dr X. Richard, ont employé les lotions froides et les enveloppements.

Dès qu'un malade algide entrait dans les salles, on le lotionnait sur toutes les parties du corps avec une éponge imbibée d'eau fraîche, puis on l'enveloppait dans des couvertures de laine.

« Dans un bon nombre de cas, dit le Dr Decori [1], nous avons vu un seul enveloppement suffire ; mais il fallait quelquefois laisser le malade dans des couvertures pendant plus de dix-huit heures. Souvent aussi on était obligé de faire un second enveloppement, le malade s'étant refroidi à peine sorti de sa couverture. »

Le Dr Seux a eu aussi recours à l'hydrothérapie. Après avoir rappelé les succès qu'en avaient retiré des praticiens distingués, M. Bruguières entre autres, il explique ainsi son mode de traitement : « Les malades, dit-il, étaient emmaillottés dans un drap mouillé, et recouverts ensuite par deux couvertures de laine ; le drap était renouvelé de deux heures en deux heures. Deux ou trois applications suffisaient pour amener la réaction. »

Les moxas ont aussi été préconisés ; nous n'en comprenons l'emploi qu'alors que l'état asphyxique ne laisse aucun espoir. On pourra alors suivre la conduite de ce médecin Belge qui, par l'application d'un moxa sur la région précordiale, dit avoir sauvé quelques malades déjà condamnés (M. Laroche).

Quant aux moyens de réchauffement, ils sont très-variés : ce sont des serviettes, des flanelles, des alèzes brûlantes, des bouteilles de verre ou de grès, des boules métalliques remplies d'eau bouillante, des briques, des fers à repasser, des sachets de son ou de

---

[1] *Loc. cit.*, pag. 85.

sable fortement chauffés. On a vanté aussi l'efficacité des draps trempés dans l'eau bouillante, ou bien des fumigations de vapeur humide, aromatique ou autre, des courants d'air chaud (Gubler, Barth).

On pourra enfin recourir aux moyens vantés par le D' Neboux, et qui consistent, après avoir frictionné les cholériques refroidis, à sec ou avec des alcoolats, et les avoir enveloppés de laine : 1° à les mettre jusqu'au cou dans de vastes sacs à capuchon, rendus imperméables par le caoutchouc, en ayant soin de laisser une ouverture pour les évacuations alvines ; 2° à les transporter dans des pièces chauffées de 35 à 40 degrés centigrades.[1].

Nous passons, sans l'oublier, sur l'emploi de l'électricité, qui n'a point été employée dans la dernière épidémie de Toulon. D'après Rech et Dubrueil, ce moyen, essayé à la clinique de Saint-Éloi, n'aurait amené aucun résultat efficace.

Les stimulants internes sont aussi très-nombreux.

Les infusions de menthe, de thé, de café, les alcooliques sous toutes les formes possibles, l'ammoniaque et ses composés, constituent tout autant de moyens auxquels on peut recourir.

De tous, le plus important et celui qui paraît jouir d'une efficacité incontestable, c'est l'acétate d'ammoniaque. C'est du reste à ce stimulant que nous

---

[1] Bulletin thérapeutique, novembre 1865.

avons vu recourir à la clinique de Saint-Éloi; c'est
celui auquel nous avons donné la préférence, pendant
notre séjour à Toulon.

L'acétate d'ammoniaque constitue un des stimulants diffusibles les plus sûrs; on doit l'administrer
à assez forte dose, et l'associer aux aromatiques et
aux alcooliques, auxquels, d'après Gubler, on peut
ajouter l'éther et le chloroforme.

Ces trois ordres d'excitants, ainsi associés, se servent mutuellement d'adjuvants, et agissent tous trois
dans le même sens. Le résultat final de cette médication ainsi composée, outre la stimulation, est le rétablissement de l'hématose et par suite de la chaleur, et
la disposition plus rapide des stases sanguines.

Niemeyer préfère le champagne frappé à tous les
autres excitants. D'après lui, il a sur ces derniers
l'avantage de ne pas irriter la muqueuse gastro-intes-
tinale. Chez les pauvres, le rhum et l'arak étendus
d'eau sont ce qui convient le mieux. Il emploie aussi
la glace ou l'eau glacée, qu'il alterne avec des infusions très-concentrées et très-chaudes de café noir.

En même temps que l'on cherche ainsi à stimuler
l'organisme, il peut être nécessaire de modérer certains phénomènes qui existent conjointement avec
l'algidité.

Les vomissements sont efficacement combattus par
la boisson froide ou glacée. On le sait, le froid est

anti-émétique par excellence. L'ingestion de petits fragments de glace constitue un excellent moyen, et est accepté avec le plus grand plaisir par les malheureux malades, qui en sont très-avides. L'eau de Seltz peut être aussi donnée dans le même but, ainsi que la potion de Rivière.

Dans certains cas rebelles, on pourra recourir à l'application de sinapismes ou de vésicatoires à l'épigastre.

Des lavements laudanisés et amidonnés serviront à combattre la diarrhée.

Les crampes sont quelquefois si intenses, si douloureuses, qu'elles réclament les soins les plus empressés. On a vanté contre elles divers moyens.

On leur a opposé des frictions plus ou moins fortes, des applications rubéfiantes et autres, toutes médications qui ne font souvent qu'ajouter la douleur du remède à celle du mal lui-même. Nous conseillons de recourir de préférence aux deux moyens suivants ; nous n'avons eu qu'à nous féliciter de leur emploi :

L'un d'eux consiste dans le redressement lent et progressif des parties contractées ou crampées. Dans le second, on emploie le chloroforme en frictions sur la colonne vertébrale, et en application sur les parties contractées. Ce dernier moyen nous a surtout été très-utile dans les cas où les crampes n'avaient pas seulement envahi les muscles des membres supérieurs et inférieurs, mais encore la majeure partie des muscles de l'abdomen et de la région épigastrique, et même le diaphragme.

PÉRIODE DE RÉACTION.

Sous l'influence des divers moyens que nous venons d'indiquer et grâce aux efforts de la nature, on voit la chaleur reparaître, la circulation se rétablir. Ce retour de la chaleur, de la circulation caractérise la période dite de réaction.

La durée de la période de froid ne peut pas être limitée d'une manière précise. Nous l'avons vue cesser au bout de quelques heures, et dans d'autres cas se prolonger durant plusieurs jours. Quelle que soit, au reste, sa durée, c'est du moment où le froid fait place à un degré de chaleur modéré d'abord, que commence la période de réaction.

Avant le retour de la chaleur, le second phénomène général, et qui appartient à toutes les formes de la réaction, c'est le retour immédiat de la circulation. On peut le constater par l'examen du pouls, qui se fait sentir d'une manière assez uniforme sur presque tous les points du corps, commençant par les plus rapprochés du centre de son action, et s'étendant successivement aux plus éloignées. Les dernières phalanges des doigts et des orteils, l'extrémité du nez, sont les parties du corps où la circulation se rétablit le plus tardivement.

Les vomissements cessent quelquefois tout à fait, mais le plus souvent vont en diminuant graduellement; quelquefois ils persistent et deviennent la source d'indications spéciales.

La diarrhée s'arrête habituellement, et les selles, qui ordinairement sont blanches, prennent une teinte verte ou jaune très-prononcée, que certains auteurs ont considérée comme un signe favorable. Quelquefois une constipation opiniâtre remplace la diarrhée.

Quant à l'émission des urines, elle reparaît à une époque également variable, rarement le premier jour de la réaction, et quelquefois le quatrième ou le cinquième seulement.

Alors que la réaction s'établit, elle peut présenter une série de symptômes qui donnent à cette période une physionomie toute particulière, variable suivant les individus. Les cholériques vus dans la période algide offrent tous les mêmes symptômes dominants, les mêmes caractères, et, conséquemment, les mêmes indications, à quelques légères différences près. Au contraire, si on réunit seulement dix individus atteints de choléra arrivé à la période de réaction, on éprouve pour plusieurs de la difficulté à reconnaître, au premier coup d'œil, la maladie dont ils sont atteints; il en est même dont l'aspect, ne présentant rien de particulier, pourrait être confondu avec celui qu'on observe dans diverses affections; de là aussi la différence entre l'uniformité de traitement de la période

algide et la variété de ceux adoptés pour celle de la
réaction.

La réaction se présente donc sous différentes formes, qui nécessitent un mode de traitement différent.
Parmi ces formes, on a noté la forme inflammatoire,
la forme typhoïde, la forme ataxo-adynamique, la forme
comateuse.

Dans la première forme, on doit avoir recours à la
médication antiphlogistique, mais avec modération, en
se rappelant l'action déprimante du choléra sur les
forces radicales.

On doit rejeter, en principe, la saignée du bras; les
révulsifs, les sangsues, les ventouses scarifiées suffiront pour éloigner des organes menacés la fluxion qui
tend à se porter sur eux.

Contre la forme typhoïde, on aura recours aux médicaments variés que l'on emploie contre les affections
typhoïdes en général, et qu'il serait trop long d'énumérer ici.

Alors que les malades ont présenté la forme ataxo-
adynamique, on s'est parfaitement trouvé de l'emploi
du quinquina, du sulfate de quinine. A Toulon, nous
avons donné ce même médicament à tous nos malades,
et chez tous il s'est montré utile. Le camphre, le musc,
etc., ont aussi été vantés contre cette forme.

Quant à la forme comateuse, le plus souvent elle
succède à l'une des formes que nous venons d'indiquer. Elle est des plus graves, quand elle survient

après la forme typhoïde ou ataxo-adynamique. Les révulsifs, des vésicatoires appliqués sur le cuir chevelu, des dérivatifs, peuvent être employés.

Il est utile aussi de combattre quelques phénomènes saillants : le vomissement, le hoquet, la diarrhée.

Contre les vomissements opiniâtres, on peut employer la glace, les boissons acidules, la potion de Rivière, et même la belladone (0,05 extrait). On se trouve très-bien aussi de l'application d'un grand vésicatoire à l'épigastre.

Pour modérer le hoquet, on peut recourir à l'électricité, employée avec succès dans ces cas ; le plus souvent des sinapismes, des ventouses sèches à la base de la poitrine, une potion éthérée ou chloroformée suffisent.

L'opium, les lavements de ratanhia additionnés de quelques gouttes de laudanum de Sydenham, servent à combattre efficacement la diarrhée persistante.

On le voit, cette période de réaction doit être surveillée avec soin. Il faut diminuer les mouvements d'excitation, s'ils sont trop forts ; les diriger convenablement, s'ils s'accumulent vers un seul organe ; les accroître, s'ils sont insuffisants ; les conserver dans de justes proportions, s'ils promettent la guérison.

Comme le font judicieusement remarquer MM. Rech et Dubrueil [1], c'est dans cette période que la médecine

1. *Loc. cit.*, pag. 212.

reprend son empire ; il n'est pas de médications, de remèdes qui ne puissent y trouver une juste application, et le praticien doit les distribuer avec sagacité. Celui qui est habile sauve les malades ; celui qui n'est pas guidé par une saine raison, les laisse succomber.

Enfin, lorsque la période de réaction est passée, le médecin doit surveiller attentivement la convalescence. Quelques bouillons, quelques potages sont d'abord permis aux malades, et, dès que la convalescence sera bien établie, on s'attachera à réparer les forces, à tonifier l'organisme si débilité, par des vins généreux, des viandes rôties et du vin de quinquina.

FIN.

[illegible] [illegible] [illegible] [illegible] [illegible] [illegible]
[illegible] [illegible] [illegible] [illegible] [illegible] [illegible]
[illegible] [illegible] [illegible] [illegible] [illegible]
[illegible] [illegible] [illegible] [illegible] [illegible] [illegible]
[illegible] [illegible] [illegible] [illegible] [illegible] [illegible]
[illegible] [illegible] [illegible] [illegible] [illegible]
[illegible] [illegible] [illegible] [illegible] [illegible] [illegible]
[illegible] [illegible] [illegible] [illegible] [illegible] [illegible]
[illegible] [illegible] [illegible] [illegible] [illegible]
[illegible] [illegible] [illegible] [illegible] [illegible] [illegible]
[illegible] [illegible] [illegible] [illegible] [illegible]
[illegible] [illegible] [illegible] [illegible] [illegible]

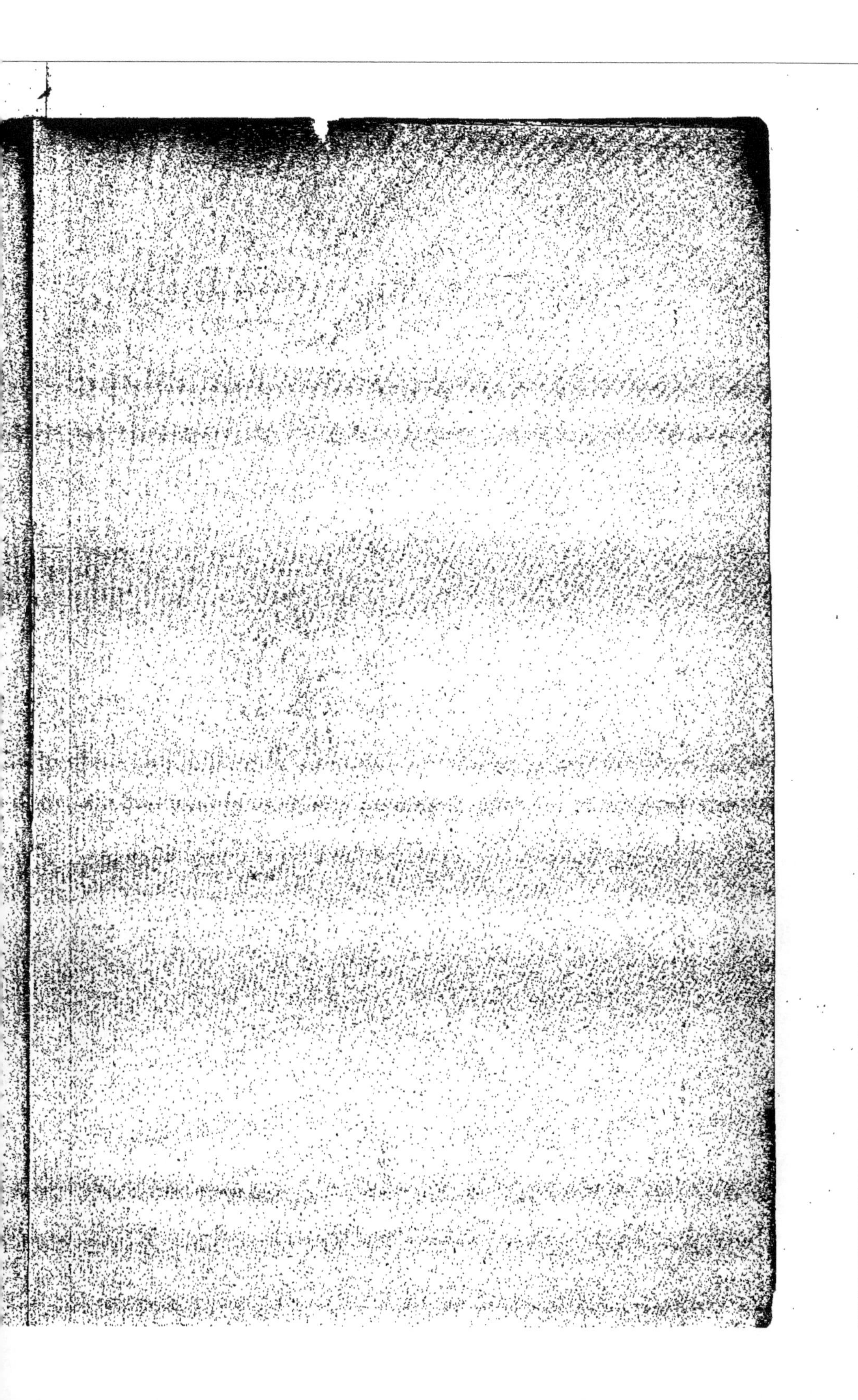

Librairie de C. COULET

GRAND'RUE, 5, A MONTPELLIER.

BOUISSON (E.-F.) Tribut à la chirurgie, ou Mémoires sur divers sujets de cette science, par E.-F. Bouisson, professeur de clinique chirurgicale à la Faculté de médecine de Montpellier, Officier de la Légion d'honneur, chirurgien en chef de l'hôpital civil et militaire Saint-Éloi. Montpellier, 1858 à 1861. 2 vol in-4°, avec planch. 30 fr.

— Les Statues de Lapeyronie et de Barthez à Montpellier (détails pour servir à l'histoire de la Faculté de médecine de cette ville), par E.-F. Bouisson, professeur de clinique chirurgicale à la Faculté de médecine de Montpellier, officier de la Légion d'honneur. 1 vol. in-8° de 85 pag. avec une lithogr................................. 2 fr.

BÉCHAMP (A.) Leçons sur la fermentation vineuse et sur la fabrication du vin, par A. Béchamp, professeur de chimie à la Faculté de médecine. Montpellier, 1 vol. in-12, 1863................. 3 fr. 50 c.

— Mémoires sur les générations dites spontanées et sur les ferments, par A. Béchamp, professeur de chimie à la Faculté de médecine de Montpellier. 1 vol. in-8° de 55 pages (épuisé)............... 2 fr.

CASTAN, Traité élémentaire des fièvres, par le docteur A. Castan, professeur-agrégé à la Faculté de médecine de Montpellier. 1 vol. in-8°, de 382 pag... 3 fr.

FUSTER (J.) Monographie clinique de l'affection catarrhale, par J. Fuster, professeur de clinique médicale à la Faculté de médecine de Montpellier, médecin en chef de l'hôpital civil et militaire. 2° édition, 1865. 1 vol. in-8° de 616 pages......................... 7 fr.

— Des changements dans le climat de la France, histoire de ses révolutions météorologiques, par J. Fuster, professeur de clinique médicale à la Faculté de médecine de Montpellier. 1845, 1 vol. in-8° (épuisé, rare)... 12 fr.

BERTIN (É.) De la ménopause considérée principalement au point de vue de l'hygiène, par Émile Bertin, professeur-agrégé à la Faculté de médecine de Montpellier. Montpellier, 1865, 1 vol. in-8° de 180 pages... 3 fr. 50 c.

HAAS (P.-J.) Essai sur les avantages cliniques de la Doctrine de Montpellier, par Ferdinand Joseph Haas, docteur en médecine. 1 vol. gr. in-8°, de 315 pag., orné de cinq dessins lithographiés par l'auteur. 1864... 6 fr.

MASSE (E.) Développement et structure intime du tubercule, 1863.

— Sycosis parasitaire, observations, réflexions, nouveau traitement par la créosote, 1864.

— De la Cicatrisation et des Cicatrices dans les différents tissus, 1866, avec planche.

Et SAINTPIERRE (C.) Kyste développé dans la gaine tendineuse du biceps crural. Observation, analyse du liquide, réflexions, 1863.

Montpellier. — Typogr. Boehm et Fils.